Hesham Mohamed Shafik
Marwa Gamal Saad

Algas para biocombustíveis

Hesham Mohamed Shafik
Marwa Gamal Saad

Algas para biocombustíveis

Microalgas para Biodiesel

ScienciaScripts

Imprint
Any brand names and product names mentioned in this book are subject to trademark, brand or patent protection and are trademarks or registered trademarks of their respective holders. The use of brand names, product names, common names, trade names, product descriptions etc. even without a particular marking in this work is in no way to be construed to mean that such names may be regarded as unrestricted in respect of trademark and brand protection legislation and could thus be used by anyone.

Cover image: www.ingimage.com

This book is a translation from the original published under ISBN 978-620-2-19819-6.

Publisher:
Sciencia Scripts
is a trademark of
Dodo Books Indian Ocean Ltd. and OmniScriptum S.R.L publishing group

120 High Road, East Finchley, London, N2 9ED, United Kingdom
Str. Armeneasca 28/1, office 1, Chisinau MD-2012, Republic of Moldova, Europe
Printed at: see last page
ISBN: 978-620-8-04932-4

Copyright © Hesham Mohamed Shafik, Marwa Gamal Saad
Copyright © 2024 Dodo Books Indian Ocean Ltd. and OmniScriptum S.R.L publishing group

Conteúdo

Introdução

Devido ao esgotamento da energia, em todo o mundo, as energias renováveis ganharam importância. Existem três tipos de energias renováveis relacionadas com o sector da energia. O primeiro tipo depende da energia solar como fonte de energia; é a chamada energia solar. O segundo tipo utiliza a energia eólica sob a forma de eletricidade. O último é a energia da biomassa. Os organismos vivos são as principais fontes de energia da biomassa ou biocombustíveis.

Os biocombustíveis são combustíveis sólidos, líquidos ou gasosos derivados de materiais biológicos de carbono. Existem dez tipos diferentes de biocombustíveis: bioetanol, biodiesel, biogás, bio-metanol, bio-di-metil-éter, bio-éter etil-ter-butílico (bio-ETBE), bio-metil-ter-butílico (bio-MTBE), biocombustíveis sintéticos, bio-hidrogénio e óleos vegetais puros (Parlamento Europeu, 2003).

O biodiesel, como um tipo de biocombustível, tem um grande interesse nos dias que correm, porque é uma alternativa ao gasóleo, é biodegradável e não emite enxofre, monóxido de carbono ou monóxido de azoto. Além disso, não é necessário efetuar qualquer alteração no motor para utilizar o biodiesel.

Existem muitas fontes de biocombustíveis, conhecidas como "gerações". A primeira geração produzia diretamente a partir de culturas alimentares para a produção de biodiesel ou bioetanol (Relatório da ONU, 2007), o que era perigoso para os sectores alimentar e da água. A segunda geração dependia de culturas não alimentares, como a madeira, os resíduos orgânicos, os resíduos de culturas alimentares e culturas específicas de biomassa (Relatório da ONU, 2007), que competem em terra e água com as culturas alimentares e necessitam de mais energia para a transformação. A terceira geração é a das microalgas como fonte de biodiesel, que supera todas as desvantagens relacionadas com as gerações anteriores (Chisti, 2007). A quarta e última geração tem como objetivo produzir energia sustentável utilizando processos como a combustão oxi-combustível. Este sistema captura e armazena o dióxido de carbono da atmosfera, reduzindo as emissões de CO_2 ao substituir os combustíveis fósseis (Gray et al., 2007).

Este livro centra-se nos biocombustíveis produzidos a partir de algas e no biodiesel produzido a partir de alguns tipos de microalgas. O livro inclui duas partes principais: a primeira parte sobre conceitos teóricos, intitulada nova prospeção para a produção de biocombustível de algas, e a segunda parte discute os sistemas de cultivo utilizados para *Chlorella* sp., *Desmodesmus quadricaudatus* e *Oscillatoria* sp. para otimizar a sua produtividade de biomassa, conteúdo lipídico e produtividade lipídica para aumentar a produção de biodiesel.

Este livro será uma fonte importante para muitos investigadores ou estudantes interessados nos sectores da ficologia, biotecnologia, genética, bioengenharia, bioeconomia e bioenergia.

Capítulo 1: Novas perspectivas para a produção de biocombustíveis de algas

1.1 Bio prospeção

A bioprospecção no sector da bioenergia de algas é uma forma de pensar a produção económica de biocombustível. Em primeiro lugar, preparar um plano que inclua estratégias de objetivo e de manutenção. Objetivo significa o que se procura; é um tipo específico de microalgas ou uma qualidade como a procura de uma taxa de crescimento rápida, um elevado teor de lípidos ou um pigmento específico. Para atingir este objetivo, é necessário enriquecer a qualidade. O segundo passo é a recolha inteligente de espécies de acordo com a temperatura e a localização. O último passo é preparar culturas de algas puras com qualidade optimizada (Wilson & Brand, 2013).

1.2 Algas para energia

As algas são organismos aquáticos que variam em tamanho, desde as picoalgas até às macroalgas (algas marinhas). Podem ser encontradas em todos os habitats, desde o gelo até aos mais quentes. De acordo com a estrutura do núcleo, dividem-se em dois grupos principais: algas procarióticas (cianoprocariontes) e algas eucarióticas. As algas eucarióticas dividem-se de acordo com os seus pigmentos, materiais de armazenamento e composição da parede celular. Podem ser produzidos diferentes tipos de produtos a partir de algas, consoante o tipo de espécie, o sistema de cultivo e a transformação da biomassa. Os produtos energéticos (biocombustíveis) que podem ser produzidos a partir de algas incluem: biodiesel, gasóleo renovável, óleo vegetal puro (SVO), bioquerosene (combustível para aviões), gasolina, etanol, metanol, metano, hidrogénio e gás de síntese. Produtos não energéticos como proteínas, vitaminas, pigmentos, nutracêuticos e óleos especiais (ómega 3) podem ser produzidos a partir de algas (European Biofuels Technology Platform, 2016).

1.3 Projectos de biocombustíveis de algas

Os biocombustíveis produzidos a partir de algas estão a ganhar atenção como fonte doméstica de combustível renovável. Os líderes mundiais no desenvolvimento e utilização de biocombustíveis são o Brasil, os Estados Unidos, a França, a Suécia e a Alemanha (Martinot, 2013).

Existem muitos projectos de biocombustíveis financiados pelos EUA, Austrália e União Europeia. Os EUA financiaram projectos no Arizona (2008), Novo México (2009), Massachusetts (2011) e Florida (2013). A União Europeia financiou quatro projectos-piloto; três deles decorreram entre 2011 e 2015/16, enquanto o último, intitulado "Otimização da produção de lípidos", teve início em 2012 e terminou em 2017 (European Biofuels Technology Platform, 2016).

1.4 Biodiesel de microalgas

O biodiesel é um combustível líquido constituído por ésteres alquílicos de ácidos gordos, ésteres metílicos de ácidos gordos (FAME) ou ésteres monoalquílicos de cadeia longa derivados de óleos vegetais ou de gorduras animais (Tyagi et al., 2010). O dia 10 de agosto de 1893 foi declarado "Dia Internacional do Biodiesel" (Bhatia, 2014).

A história do biodiesel mostrou que os países que têm apoio e subsídios governamentais para a sua indústria de biocombustíveis têm uma produção comercial em grande escala, enquanto os países que não têm esses subsídios não o fazem (Single, 2012). Até 2022, os EUA tendem a produzir biodiesel de algas como principal fonte de energia e não apenas etanol à base de milho (European Biofuels Technology Platform, 2016).

As microalgas são os organismos fotossintéticos mais antigos do Universo. Possuem uma estrutura celular simples e um grande rácio superfície/volume, o que lhes dá a possibilidade de absorverem grandes quantidades de nutrientes. Vivem em ambientes suspensos em água, o que lhes dá um amplo acesso a água, CO_2 e nutrientes (Sheehan et al., 1998a & b). Têm um crescimento rápido e são eficientes conversores de energia solar, capazes de produzir muitas vezes mais biomassa por unidade de área de terra do que as plantas terrestres (Williams & Laurens, 2010). Muitos géneros de algas têm a sua importância económica, uma vez que são utilizados na alimentação, em produtos farmacêuticos e na produção de energia (Lewin, 1983). O primeiro passo na produção de biodiesel a partir de microalgas é a seleção de várias estirpes para escolher a espécie mais adequada com uma elevada produtividade de lípidos. Há muitas espécies de algas que estão atualmente a ser estudadas quanto à sua adequação como cultura produtora de óleo em massa, em vários locais do mundo, como *Neochloris oleoabundans, Scenedesmus dimorphus, Euglena gracilis, Pleurochrysis carterae, Prymnesium parvum, Tetraselmis chui, Isochrysis galbana, Nannochloropsis salina, Botryococcus braunii, Dunaliella tertiolecta, Spirulina* sp. e *Phaeodactylum tricornutum* (http://www.oilgae.com/ algae/oil/ yield /yield.html). Nos últimos anos, foram aplicadas algumas abordagens de engenharia genética a várias espécies de algas com o objetivo de melhorar a produção de lípidos, incluindo *Chlamydomonnas reinhardtii* (Li et al., 2011), *Phaeodactylum tricornutum* (Zaslavskaia et al., 2000), *Cyclotella cryptica* (Dunahay et al., 1996) e *Nannochloropsis* sp. (Kilian et al., 2011).

Para otimizar a produção de biodiesel a partir de algas, em primeiro lugar, comparar o seu teor de óleo com a literatura (Quadro 1) ou selecionar naturalmente as espécies quanto ao seu teor de óleo utilizando um procedimento de coloração rápida como as colorações BODIPY e NILE RED.

Existem muitos critérios de seleção (Barry et al., 2016):

1- Fisiologia do crescimento (taxa de crescimento, densidade, tolerância, produtividade fotossintética e necessidades de nutrientes).

2- Produção de metabolitos (proteínas, hidratos de carbono, lípidos, relação hidratos de carbono: lípidos e relação entre a produção de carbono e de lípidos).

3- Culturas de longa duração e sensibilidade a agentes patogénicos. Em segundo lugar, compreender o mecanismo lipídico através da análise química dos precursores utilizando citometria de fluxo, NIR, FTIR, GC e espetroscopia e testar a expressão dos genes; ACCase e DGAT que são responsáveis pela produção de ácidos gordos e TAG no interior da célula algal, respetivamente. A abundância da transcrição do gene accD pode refletir a resposta da ACCase à alteração das condições de cultura (Lu et al., 2012).

Quadro 1 Produtividade das algas e teor de lípidos recolhidos na literatura

Espécies de algas	Produtividade da biomassa (gl d)$^{-1-1}$	Teor de lípidos (%DCW)	Referência
Chaetoceros calcitrans CS 178	0.04	39.8	Rodolfi et al., 2009
Chlamydomonas sp. JSC4	0.2	48	Ho et al., 2015
Chlorella sp.	0.752	60.49	Saad & Shafik, 2015
Chlorella minutissima	0.239	12.95	Sharma et al., 2016
Chlorella sorokiniana IAM-212	0.23	19.3	Rodolfi et al., 2009
Chlorella vulgaris	0.013	35.2	Hamedi et al., 2016
Chlorococcum sp. UMACC 112	0.28	19.3	Rodolfi et al., 2009
Desmodesmus quadricaudatus	0.29	57.89	Saad & Shafik, 2015
Dunaliella tertiolecta	0.12	16.7	Gouveia & Oliveira, 2009
Ellipsoidion sp. F&M-M31	0.17	27.4	Rodolfi et al., 2009
Isochrysis sp. (T-ISO) CS 177	0.17	22.4	Rodolfi et al., 2009
Monodus subterraneus UTEX 151	0.19	16.1	Rodolfi et al., 2009
Nannochlloropsis Salina	0.645	35.7	Al-lwayzy et al., 2012
Neochloris oleabundans	0.09	29	Gouveia & Oliveira, 2009
Oscillatoria sp.	0.51		Shafik et al., 2016
Pavlova lutheri CS 182	0.14	35.5	Rodolfi et al., 2009
Phaeodactylum tricornutum F&M-M40	0.24	18.7	Rodolfi et al., 2009
Porphyridium cruentum	0.37	9.5	Rodolfi et al., 2009
Scenedesmus sp. DM	0.26	21.1	Rodolfi et al., 2009
Skeletonema sp. CS 252	0.09	31.8	Rodolfi et al., 2009
Spirulina maxima	0.21	4.1	Gouveia & Oliveira, 2009
Tetraselmis aff chuii	0.03	30.3	Sarpal et al., 2016

As microalgas contêm lípidos e ácidos gordos como componentes das membranas, produtos de armazenamento, metabolitos e fontes de energia. Verificou-se que as clorófitas, as diatomáceas e as cianobactérias contêm níveis proporcionalmente elevados de lípidos (cerca de 50% da biomassa). As microalgas com elevado teor de lípidos oleosos são de grande interesse na procura de produção de biodiesel (Bajhaiya et al., 2010).

Lee et al. (2011) afirmaram que os ácidos gordos saturados e insaturados como o ácido palmítico (C16:0), o ácido esteárico (C18:0), o ácido oleico (C18:1), o ácido linoleico (C18:2) e o ácido linolénico (C18:3) são ácidos gordos comuns para a produção de biodiesel. Thomas et al. (1984) relataram que os ácidos gordos significativos utilizados para a produção de biodiesel incluem ácidos gordos saturados e ácidos gordos polinsaturados (PUFAs), como os ácidos gordos C14:0, C16:0, C16:1, C18:0, C18:1, C18:2, C18:3.

Os principais ácidos gordos dos diferentes grupos de algas são C16:0 e C16:1 em Bacillariophyceae, C16:0 e 18:1 em Chlorophyceae, Euglenophyceae, Eustigmatophyceae e Prasinophyceae, C16:0 em Rhodophyceae e Dinophyceae, C16:0, C16:1 e C18:1 em Prymnesiophyceae, Chrysophyceae e Cyanophyceae, C14:0, C16:0 e C16:1 em Xanthophyceae e C16:0 e C20:1 em Cryptophyceae (Basova, 2005). Os lípidos de muitas espécies de microalgas são ricos em ácidos gordos polinsaturados (PUFAs). Estes contêm duas ou mais ligações duplas como C20:5 e C22:6 em Bacillariophyceae, C18:2 e 18:3 em Chlorophyceae e Euglenophyceae, C20:5, C22:5 e C22:6 em Chrysophyceae, C18:3, C18:4 e C20:5 em Cryptophyceae, C20:3 e C20:4 em Eustigmatophyceae, C18:3 e C20:5 em Prasinophyceae, C18:5 e C22:6 em Dinophyceae, C18:2, C18:3 e C22:6 em Prymnesiophyceae, C18:2 e C20:5 em Rhodophyceae, C16:0 e C20:5 em Xanthophyceae e C16:0, C18:2 e C18:3 em Cyanophyceae (Basova, 2005). Para ser aceite pelos utilizadores, o biodiesel de microalgas tem de cumprir as normas existentes, como a norma ASTM D 6751 para biodiesel ou a norma EN 14214 (Gerpen, 2009).

Os ácidos gordos são o precursor da produção de biodiesel. As células microalgais têm padrões de ácidos gordos diferentes dos das células vegetais. Os ácidos gordos C18 insaturados e o alongamento das cadeias de carbono são as principais diferenças entre as células de microalgas e os óleos vegetais (Huang et al., 2010). O ácido oleico nas células de algas tem uma grande importância, uma vez que proporciona um equilíbrio entre as propriedades do combustível do biodiesel (Singh et al., 2014).

As propriedades do combustível biodiesel são fortemente influenciadas pelas propriedades dos ésteres gordos individuais no biodiesel, como o número de cetano (CN), o índice de iodo (IV), a concentração de ácidos gordos livres, as emissões de gases de escape, o fluxo a frio, a estabilidade oxidativa, a viscosidade e a lubricidade. Em muitos países do mundo, o biodiesel tem sido acompanhado pelo desenvolvimento de normas para garantir a elevada qualidade do produto e a confiança dos utilizadores, como a norma D6751 da American Society for Testing and Materials (ASTM) e a norma europeia (EN) 14214 (Tyagi et al., 2010).

Uma vez que as propriedades do biodiesel são afectadas pela composição dos seus ácidos gordos, o éster metílico do ácido linoleico tem uma instabilidade de oxidação muito elevada e pode ser facilmente oxidado. Por conseguinte, o teor de ácido linoleico do óleo de algas, que será avaliado para a produção de biodiesel, deve ser em quantidades baixas para evitar a oxidação do produto e proporcionar uma melhor combustão (Goto et al., 2010). Também se verificou que o número de cetano do éster metílico do ácido oleico é superior ao do éster metílico do ácido linoleico (Gopinath et al., 2010). O perfil de ácidos gordos do óleo é muito importante para o índice de cetano (Knothe, 2005).

As algas crescem rapidamente com elevada biomassa em terras não cultiváveis. Infelizmente, o processamento de algas para a produção de biocombustíveis requer uma quantidade significativa de água doce, energia e nutrientes que afectam a competitividade das algas como fonte de energia em relação a outras fontes (Hannon et al., 2010).

Embora existam desafios de sustentabilidade com os actuais sistemas de produção de biocombustíveis de algas, abordagens biológicas e de engenharia inovadoras poderiam ajudar a desenvolver novas capacidades para tornar o biocombustível de algas uma alternativa viável aos combustíveis derivados do petróleo e a outras fontes de combustível. O desenvolvimento sustentável de combustíveis, tal como definido pelas Nações Unidas, satisfaz as necessidades do presente sem comprometer a capacidade das gerações futuras de satisfazerem as suas próprias necessidades (Barry et al., 2016).

Para a produção económica de biodiesel a partir de microalgas, os investigadores têm em conta os meios de cultura (menor utilização de nutrientes, reciclagem e utilização de águas residuais; sob stress de nutrientes, o teor de lípidos aumenta), a intensidade da luz (uma intensidade de luz elevada conduz a um teor de lípidos elevado) e o tempo de amostragem (curto, estabilidade durante longos períodos, crescimento rápido, tolerância ao sal, fixação de N e CO_2 e secreção de lípidos para sobrepor a colheita) (Barry et al., 2016).

As experiências laboratoriais mostram que as entradas de azoto e fósforo para os sistemas de biocombustíveis de algas podem ser obtidas a partir de águas residuais municipais, industriais ou agrícolas (Mobin & Alam, 2014). Alimentar as algas com nutrientes provenientes de águas residuais ajudaria a reduzir a dependência de fertilizantes de azoto e fósforo que, de outra forma, seriam utilizados para a produção de alimentos, e poderia também servir como etapa de remoção de nutrientes no tratamento de águas residuais (Hannon et al., 2010). No entanto, a viabilidade da utilização de águas residuais para a produção de biocombustível de algas ainda não foi comprovada à escala comercial, e poderá haver poucos locais para instalações de biocombustível de algas perto de estações de tratamento de águas residuais (Cho et al., 2011). É importante testar o sistema de cultivo em pequena escala relacionado com o sistema de grande volume, para além do sistema à escala laboratorial (Barry et al., 2016).

1.5 Sublinhar o lado real da moeda

Para produzir biodiesel a partir de microalgas, estas devem ser submetidas a stress. Normalmente, os lípidos acumulam-se no interior da célula da alga como resposta ao stress (Cakmak et al., 2012). Os factores de stress são nutrientes como N, S, P, C, relação N/P e Si, luz (intensidade e fotoperíodo), temperatura, salinidade, concentração de CO_2 e O_2 e pH. Estes factores foram testados separadamente ou em combinação. O stress não significa apenas inanição, mas inclui também limitação.

As condições ambientais de crescimento determinam o perfil de ácidos gordos dos lípidos em microalgas e cianobactérias (James et al., 2013). Quintana et al. (2011) relataram que as condições de crescimento afectaram a composição de ácidos gordos de diferentes espécies de cianobactérias

O teor total de lípidos das microalgas pode variar entre 1 e 85% do peso seco (Borowitzka, 1988; Chisti, 2007; Spoehr e Milner, 1949), sendo que valores superiores a 40% são normalmente atingidos sob limitação de nutrientes. O conteúdo total de lípidos nas microalgas pode variar entre 1 e 90% do peso seco, dependendo da espécie e das condições de cultura (Spolaore et al., 2006); foi relatado que quando as microalgas são sujeitas a condições de stress. O teor de lípidos das microalgas da divisão Chlorophyta pode atingir entre 530% do peso seco, dependendo do tipo de microalga (Spolaore et al., 2006; Hu et al., 2008).

Jiang et al. (2012), dado que a maior parte do óleo é produzida durante uma fase de "fome" ou "stress", as operações de ácidos gordos bem sucedidas exigirão espécies que possam ser manipuladas de forma fiável e continuar a crescer.

Embora a produtividade global de lípidos determine os custos do processo de cultivo, a concentração de biomassa e o teor de células lipídicas afectam significativamente os custos de processamento a jusante. Por conseguinte, um processo ideal deve ser capaz de produzir lípidos com a maior produtividade e o maior teor de células lipídicas. Infelizmente, isto nem sempre é possível porque os elevados teores de células lipídicas são normalmente produzidos por células sob stress, normalmente limitação de nutrientes, que está frequentemente associada a uma baixa produtividade da biomassa (Li et al., 2008).

Na literatura, foi por vezes postulada uma forte correlação negativa entre o teor de lípidos e a produtividade da biomassa, com base no elevado custo metabólico da biossíntese de lípidos (Rodolfi et al. 2008). Além disso, muitas estirpes de algas podem produzir grandes quantidades de óleo ou produtos de armazenamento semelhantes a lípidos que podem ser facilmente convertidos em biodiesel (Sheehan et al., 1998a). Este facto tem sido utilizado por alguns para combinar a produtividade máxima de biomassa com o teor máximo de óleo, produzindo bons números de produtividade de óleo que têm sido explorados para financiar investigação intensiva sobre a produção de biocombustíveis de algas (Scott et al., 2010). Estudos anteriores demonstraram que o teor de lípidos em algumas microalgas aumenta durante diferentes condições de cultivo, como a privação de azoto (Illman et al. 2000; Hsieh e Wu 2009).

A alteração dos factores ambientais implica uma cultura em "duas fases", na qual a cultura convencional é perturbada por meio de diferentes estratégias, incluindo a depleção de azoto, a iluminação intensa, os suplementos elementares, etc. e, consequentemente, a acumulação de lípidos nas células de algas é estimulada em condições de stress. Outro aspeto da cultura em duas fases é a passagem do crescimento fotoautotrófico das algas para o crescimento heterotrófico.

O sistema de cultivo mais recente utilizou dois meios diferentes, um para o cultivo e outro para a produção. Este sistema conduziu a um aumento de 40% do teor de lípidos e a um aumento de 130% da biomassa. E outro sistema utilizou um meio rico em azoto e depois voltou a cultivar utilizando um meio com azoto gradualmente reduzido (Hamedi et al., 2016).

1.6 Novas técnicas

A redução de despesas, a redução do tempo de produção ou a exclusão de qualquer etapa da produção aumentará a produção económica de biodiesel. Procuram-se novos aspectos sobre novos sistemas de cultivo, otimização das condições para aumentar o rendimento das algas, colheita de baixa energia e sistemas de cultivo de baixo custo, como sistemas heterotróficos e mixotróficos (Barry et al., 2016). A produção de qualquer tipo de combustível requer recursos. A produção de biocombustíveis a partir de algas requer água, energia, nutrientes e terra. A melhoria dos métodos de cultivo e processamento de algas poderia reduzir as necessidades energéticas da produção de biocombustíveis de algas. Por exemplo, as inovações de engenharia podem desenvolver métodos de colheita que não exijam tanto consumo de energia como os métodos actuais.

Biodiesel produzido a partir de algas em etapas específicas; primeiro, cultivar algas em determinadas condições. Em segundo lugar, colher a biomassa e, em seguida, extrair o óleo para o converter em biodiesel através do processo de transesterificação. Todas estas etapas consomem muito tempo e energia. Aqui, vamos discutir algumas novas técnicas relacionadas com estas etapas.

1.6.1 Sistemas microfluídicos de laboratório em pastilha (lab-on- a-chip)

Sistemas microfluídicos lab-on-a-chip (Fig. 1), explorando a sua capacidade de manipular com precisão muitas amostras em paralelo até à resolução de uma única célula, e integrar várias funcionalidades numa única plataforma de fácil utilização, tudo de uma forma de elevado rendimento (Myung & Hong, 2015).

O termo "laboratório numa pastilha" refere-se a dispositivos e métodos de controlo e manipulação de fluxos de fluidos a níveis micro. Estes dispositivos microfluídicos utilizados para manipular e controlar fluidos estão atualmente muito difundidos e são utilizados em muitos contextos científicos e industriais. O fabrico de "laboratório numa pastilha" exige geometrias diferentes das dos processos laboratoriais. Depende também da interação de múltiplos efeitos físicos, como gradientes de pressão, electro-cinética, força de capilaridade, etc. Desenvolveu as suas aplicações na química moderna, na química clínica, no fabrico, na engenharia e na ciência dos materiais, na biologia, na física e na eletrónica, auxiliando a comunicação e a colaboração entre disciplinas. A maioria das aplicações biológicas em laboratório num chip já são comercializadas no mercado global, enquanto que para a química ambiental, o campo ainda está em desenvolvimento (Paul, 2014).

Os dispositivos microfluídicos de laboratório num chip têm muitas aplicações no domínio do biodiesel de algas. A partir de uma única célula em diferentes condições, o crescimento e o teor de lípidos ao longo do tempo podem ser facilmente detectados num dispositivo microfluídico. O crescimento no interior destes sistemas é detectado como uma intensidade de clorofila por gota. Os lípidos no interior das células são marcados com corantes BODIPY ou NILE RED, referentes ao conteúdo lipídico.

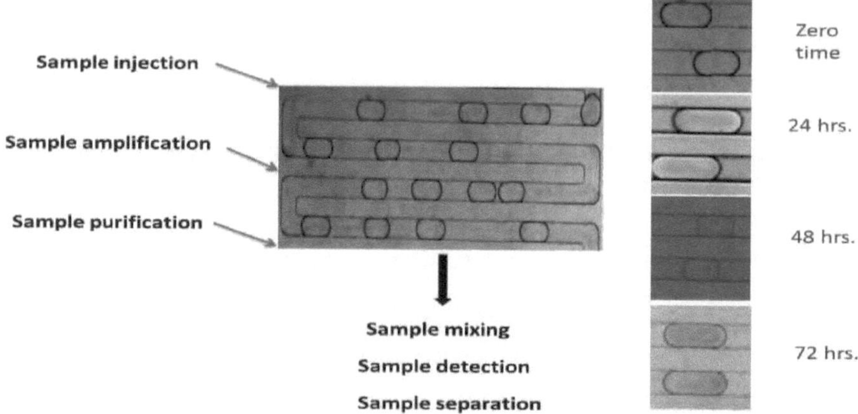

Fig. 1 Conceito microfluídico, o lado direito mostra o aumento da biomassa de algas por 24 horas cultivadas num dispositivo microfluídico, tamanho da gota 240µm

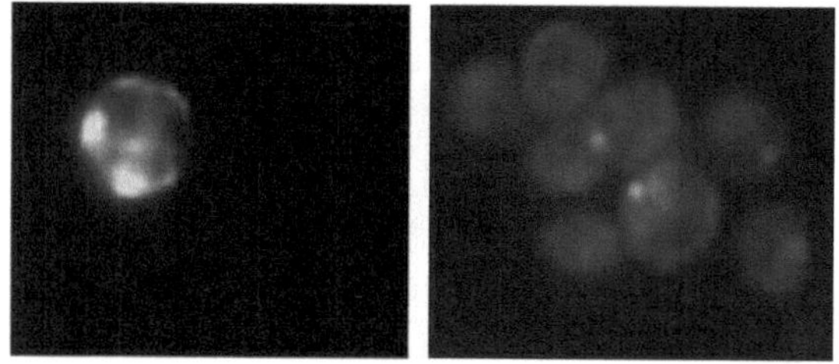

Fig. 2 Campo brilhante para *Chlorella* sp. indicando gotículas de óleo no interior das células utilizando a coloração BODIPY, o lado direito mostra as células no tempo zero, enquanto o lado esquerdo mostra as células após a inanição. Células cultivadas num dispositivo microfluídico, tamanho da gota 240µm

1.6.2   Nano-sequestro de ácidos gordos

Algumas nanopartículas têm sido objeto de grande interesse nas últimas duas décadas devido às suas propriedades únicas de elevada área superficial e tamanho de poro ajustável, constituindo uma opção promissora para separações selectivas. A dimensão dos poros e a funcionalidade orgânica são variadas para identificar o material adsorvente ideal de ácidos gordos livres (AGL). O material resultante pode sequestrar AGL (ácidos gordos livres poli-insaturados (AGPI) em vez de AGL monoinsaturados e AGL saturados) com um elevado grau de seletividade a partir de uma solução simulada e de óleo de microalgas. A reciclabilidade e as implicações industriais também são exploradas (Valenstein, 2012).

A utilização de nanopartículas na extração de lípidos de células de algas vivas reduzirá o custo e a energia necessários para a colheita e extração com métodos tradicionais.

1.6.3 Transesterificação direta versus transesterificação por extração

Os lípidos de algas podem ser convertidos em ésteres alquílicos através da reação de lípidos com álcool na presença/ausência de catalisador, através de um processo químico comummente designado por alcoólise ou transesterificação. A extração-transesterificação é um método de várias etapas amplamente utilizado para a produção de biodiesel (Alam et al., 2017). No entanto, o elevado custo da secagem e da extração de lípidos das algas (aproximadamente 70-80% do custo total) limitou a eficiência da produção de biodiesel (Islam et al., 2014). A transesterificação direta foi descoberta para produzir biodiesel a partir de biomassas de algas, acoplando a extração de lípidos e a síntese de biodiesel num único passo (Sanchez et al., 2015). Na transesterificação direta, o metanol desempenha um papel duplo, actuando como solvente para extrair os lípidos e os ésteres metílicos de ácidos gordos (FAME) das algas e como reagente para converter os lípidos em biodiesel (Wahlen et al., 2011). Na transesterificação direta, o catalisador também rompe as paredes celulares das algas, permitindo assim que o álcool aceda aos óleos para transesterificação. Assim, tanto os lípidos não polares como os polares são transesterificados e extraídos simultaneamente (Kasim et al., 2010)

1.6.4 Conceção rotativa composta central

A técnica tradicional "um fator de cada vez", em que se estuda uma variável independente mantendo os outros factores a um nível fixo, não só consome muito tempo, como também não garante a determinação da verdadeira condição óptima (Gokhade et al.,1991). Além disso, esta técnica não é capaz de detetar as interações frequentes entre dois ou mais factores, o que pode levar a conclusões inexactas. O desenho rotativo composto central mostra a relação entre diferentes factores na mesma experiência (Fig. 3). Para a produção de biodiesel, ajuda a examinar as inter-relações entre os parâmetros críticos que influenciam o rendimento lipídico com a ajuda da metodologia de superfície de resposta (RSM) (Ebrahimpour et al., 2008).

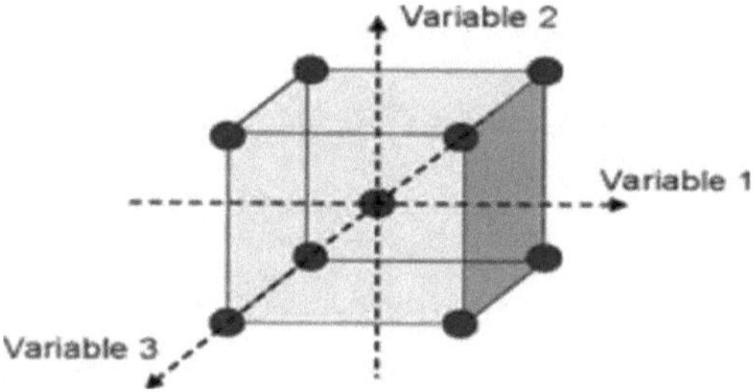

Fig. 3 Conceito de conceção rotativa composta central, esta imagem mostra a relação entre diferentes factores na mesma experiência.

Capítulo 2: Experiências laboratoriais para melhorar a produção de biodiesel a partir de *Chlorella* sp., *Desmodesmus quadricaudatus* e *Oscillatoria* sp.

A qualidade e a quantidade de biodiesel produzido a partir de microalgas são afectadas pela produtividade da biomassa, pela produtividade lipídica e pela percentagem de ácidos gordos alvo. Por conseguinte, *Chlorella* sp., *Desmodesmus quadricaudatus* e *Oscillatoria* sp. foram escolhidas nesta investigação. *Chlorella* sp. e *Desmodesmus quadricaudatus* pertencem a Chlorophyceae, enquanto *Oscillatoria* sp. é um cianoprocarionte.

Chlorella sp. (M. Beijerinck) (Beijerinck, 1890) é uma alga oleaginosa unicelular (Zhou et al., 2013), tem uma aplicação potencial na produção de biodiesel; o seu teor lipídico é de 20-50% (Dayananda et al., 2007). *A Chlorella* é preferida como matéria-prima em muitos estudos devido às suas propriedades (Gülyurt et al., 2016). Canakci e Gerpen (2001) referiram que *a Chlorella vulgaris* é conhecida pelos ácidos gordos de cadeia mais curta que são ideais para a produção de biodiesel. Como *Chlorella* sp., *Chlorella protothecoides* mostra grande produtividade de produção de lípidos em várias condições ambientais, utilizando diferentes fontes de carbono. O teor de ácidos gordos do óleo *de Chlorella protothecoides* é rico em ácido oleico. (Feng et al., 2014). Em *Chlorella vulgaris* foram registados teores de lípidos de 40% e 56,6% do peso de células secas, quando cultivadas, respetivamente, em meio suplementado com baixo teor de azoto e ferro (Illman et al. 2000; Liu et al. 2011). Basova (2005) relatou que *Chlorella* sp. produziu 34,0% de ácidos gordos saturados e 66,0% de ácidos gordos insaturados, estando presente uma maior quantidade de UFA entre os quais o teor de PUFA é de 35%. Os ácidos gordos insaturados, o ácido linolénico (18,3) foi o ácido gordo mais dominante (26,3%), para além dos PUFA, o ácido oleico (18:1, 15,1%) e o ácido palmítico (16:0, 24,5%) foram os principais ácidos gordos em *Chlorella* sp. (Jena et al. 2012)

Desmodesmus quadricaudatus (Turpin) Hegewald (An et al., 1999) é uma colónia que tem uma aplicação potencial para a produção de biodiesel, embora não exista produção piloto (Garofalo, 2011). *O Scenedesmus obiliquus* foi estudado como uma fonte potente de biodiesel em condições variadas de pH, temperatura e qualidade espetral, na presença de metais pesados, stress térmico e de arrefecimento, deficiências/limitações de N e P para aumentar a acumulação de lípidos. Os principais factores que afectam o desempenho da cultura em termos de rendimento lipídico são as concentrações de nitrato, fosfato e tiossulfato de sódio. Verificou-se também que o tempo de cultura afectava significativamente a produtividade lipídica (Mandal & Mallick, 2009). Estudos anteriores indicaram que *Scenedesmus* spp. era uma espécie microalgal potencial para a produção de lípidos, e a produção era relativa às condições de incubação, incluindo suplemento de CO_2, condição de nutrientes e temperatura (Ho et al., 2010). Jena et al. (2012) obtiveram que *Scenedesmus* sp. produziu 36,5% de ácidos gordos saturados e 63,5% de ácidos gordos insaturados. *O Scenedesmus* sp. continha uma quantidade elevada de ácido palmítico (16:0, 30,3%) e os ácidos gordos insaturados eram representados pelo ácido linoleico (C18:2, 21,1%) e pelo ácido oleico (18:1, 17,5%). Outros AGPI de cadeia longa estão presentes em pequena quantidade. Estas propriedades tornam *o Scenedesmus* sp. adequado para a produção de biodiesel.

As percentagens de lípidos da *Chlorella* sp. e do *Desmodesmus* sp. situavam-se entre 15,66 e 21,02% (Jaimes-Duarte et al., 2012). Kaur et al. (2012) relataram que, quando cultivaram *Chlorella* e *Desmodesmus* durante sete dias no meio líquido BG11, o seu teor de lípidos foi de 20% e 21%, respetivamente. De acordo com Chisti (2007), *Chlorella* tem 28-32% de óleo em peso seco^{-1}. Hempel et al. (2012) concluíram que o conteúdo lipídico de *Chlorella* sp. era de 18-30%. Rodolfi et al. (2009) relataram que o teor de lípidos (% biomassa) para *Scenedesmus quadricauda* e *Chlorella* sp. era de 18,4 e 18,7, respetivamente. Hempel et al. (2012) concluíram que *Chlorella* sp. e *Chlorella minutissima* eram estirpes de crescimento rápido com elevada produtividade de biomassa. Para *Chlorella* sp., a produtividade de biomassa foi de 451 a 495 mgl^{-1} d^{-1}.

A Oscillatoria sp. é uma alga filamentosa verde azulada. De acordo com Vimalarasan et al. (2011), *a Oscillatoria annae* tem um carácter interessante para a produção de biodiesel. Muthulakshmi e Meenatchisundaram (2015) revelaram que a microalga *Oscillatoria foreani* apresenta uma produção de biodiesel comparativamente mais eficaz do que *Spirogyra* sp. e *Chlorella pyrenoidosa* devido ao seu elevado teor de lípidos e produtividade de biomassa. *Oscillatoria* sp. pode ser cultivada em efluentes de laticínios como fonte de nutrientes para a produção de biodiesel. A presença dos ácidos palmítico (16:0), oleico (18:1), esteárico (18:0), linoleico (18:2) e linolénico (18:3) apoia fortemente que as algas cultivadas no reator podem ser utilizadas para a produção de biocombustível (Jitha e Madhu, 2016).

O perfil de ácidos gordos das microalgas altera-se com a mudança das condições de cultura, quer químicas quer físicas, como a carência de nutrientes, a salinidade e o pH. A depleção de azoto é o parâmetro mais investigado para a acumulação excessiva de lípidos (Griffiths & Harrison, 2009; Gülyurt et al., 2016). A composição do meio nutritivo (azoto, carbono, fósforo e metais vestigiais) é um dos factores mais significativos que afectam os parâmetros de crescimento e a composição bioquímica das microalgas (Wang et al. 2014; Lin e Wu 2015). É fácil induzir um teor de óleo de 20-30% em várias espécies de microalgas (Chisti 2007).

A capacidade de colheita é uma caraterística importante da análise dos ácidos gordos das microalgas (Christenson e Sims 2011, Scholz et al. 2011). Park et al. (2011) demonstraram que muitas microalgas assentam em condições adversas, o que pode ser testado em condições de pequena escala. Algumas estirpes de *Chlorella* não se sedimentam (Sheehan et al. 1998). Neste caso, a *Chlorella* sp. testada não se auto-precipitou. Por conseguinte, foram utilizadas diferentes concentrações de alúmen para detetar a concentração mais baixa de alúmen que precipita a maioria das células *de Chlorella*. Esta concentração foi de 1,8 m mol Al2 (so4)3 18 H2O após 10 minutos de mistura. No entanto, *a D. quadricaudatus* foi auto-precipitada e facilmente colhida. *Oscillatoria* também são fáceis de separar do meio.

2.1 Efeito do regime de nitratos nos ácidos gordos alvo para a produção de biodiesel

Uma vez que os vários perfis de ácidos gordos influenciam as propriedades do biodiesel, os ácidos gordos com estrutura C14.0, C16.0, C18.0, C16.1, C18.1, C18.2 e C18.3 são o alvo para a produção de biodiesel. Além disso, dado que a maior parte do óleo é produzida durante uma fase de "fome" ou "stress", a produção bem sucedida de ácidos gordos exigirá espécies que possam ser manipuladas de forma fiável, que sejam tolerantes a uma série de perturbações ambientais - naturais e induzidas pelo operador - e que sejam capazes de "recuperar" destas alterações e continuar a crescer (Jena et al. 2012). É importante dispor de dados sobre a forma como a inanição de azoto pode influenciar o perfil de ácidos gordos. Assim, os vários perfis de ácidos gordos de diferentes fontes podem ser utilizados para a produção de biodiesel.

As taxas máximas de crescimento específico (μmax) foram de 3,02 e 2,96 d$^-$ 1 para *Chlorella* sp. e *D. quadricaudatus*, respetivamente (Fig. 4). Estas taxas máximas de crescimento são um fator significativo para a produção em massa de algas. Shafik (1991) registou uma taxa de crescimento máxima para *Scenedesmus spinosus* (atualmente, *Desmodesmus spinosus*) de 3,0 d^{-1} , que é próxima dos dados obtidos. Uma taxa de crescimento máxima elevada é uma indicação de condições de crescimento favoráveis.

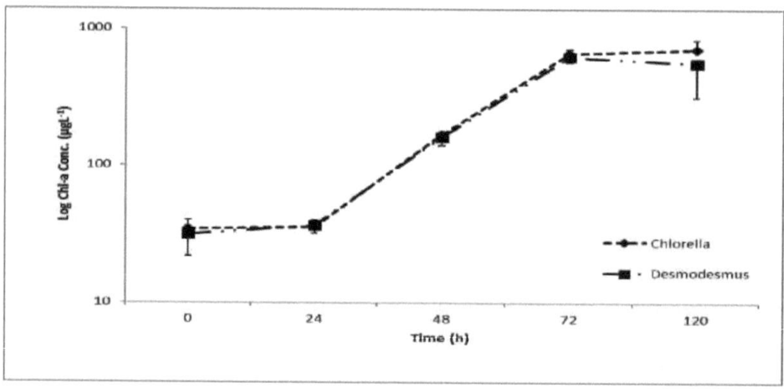

Fig. 4 Curva de crescimento de *Chlorella* sp. e *D. quadricaudatus* medida como clorofila-a a 27±1°C, com luz contínua. As barras SD para *Chlorella* sp. estão na direção positiva e para *D. quadricaudatus* na direção negativa.

As algas comportam-se de forma diferente em condições diferentes. As células das algas necessitam de nutrientes em quantidades diferentes. Os macronutrientes, como o azoto e o fósforo, são nutrientes necessários em quantidades elevadas, enquanto os micronutrientes, como o cobalto e o zinco, são nutrientes necessários em quantidades reduzidas. O azoto é um dos nutrientes mais importantes de que as algas necessitam para crescer. O azoto é importante para a síntese de ADN, proteínas e enzimas.

O meio BG11 é um meio verde azulado. É conhecido como um bom meio não só para algas verdes azuis mas também para algumas algas verdes. Contém azoto sob a forma de nitrato. É importante dispor de dados sobre a taxa de consumo de nitratos por todas as espécies cultivadas e sobre o momento em que a fome começou.

A Chlorella sp. e *a D. quadricaudatus* foram cultivadas num meio padrão até o nitrato não ser detectado na suspensão da cultura. Em seguida, as culturas foram divididas em dois volumes iguais e diluídas em meio fresco. Um grupo de culturas foi cultivado em meio padrão e o outro grupo em meio isento de nitratos. *A Chlorella* atingiu uma concentração máxima de clorofila a de 10.650±54 µg l⁻1 após 12 dias de diluição. Enquanto *D. quadricaudatus* atinge uma concentração máxima de clorofila-a de 2207±68 µg l⁻¹ após 3 dias de diluição. Em culturas diluídas em meio sem nitratos, *a Chlorella* atingiu uma concentração máxima de clorofila-a de 3238±35,5 µg l⁻¹ após 9 dias de diluição (Fig. 5). Enquanto *D. quadricaudatus* atinge uma concentração máxima de clorofila-a de 1343±34 µg l⁻¹ apenas após 12 dias de diluição (Fig. 6). Na fase estacionária tardia (último dia das experiências), foram colhidas amostras das culturas para análise dos ácidos gordos.

Quatro *Oscillatoria* sp. (*Osci.1*, *Osci.2*, *Osci.3* e *Osci.4*) foram cultivadas em 100 ml de meio BG11 esterilizado por um longo período. A biomassa como peso celular seco (DCW) foi detectada após 3, 7, 22, 36 e 39 dias de cultivo. Os valores mais elevados de DCW registados para a segunda espécie (*Osci.2*) foram 450, 534, 1140, 2843, 2519 mg 100ml⁻¹ nos dias 3, 7, 22, 36 e 39, respetivamente (Quadro 2).

Quadro 2 Peso de células secas (mg 100ml⁻¹) em cultura por longos períodos de diferentes *Oscillatoria* sp.

	Osci.1	*Osci.2*	*Osci.3*	*Osci.4*
Dia3	397	450	168	250
Dia7	368	545	216	421
Dia22	386	1140	329	1758
Dia36	545	2843	1214	1216
Dia39	1314	2519	1558	1847

Os resíduos de nitrato detectados quase de 2 em 2 dias, os resultados clarificaram que *Oscillatoria* sp. não consumiu todo o nitrato em culturas de curto período e levará mais tempo a começar a inanição (Fig. 7).

(A)

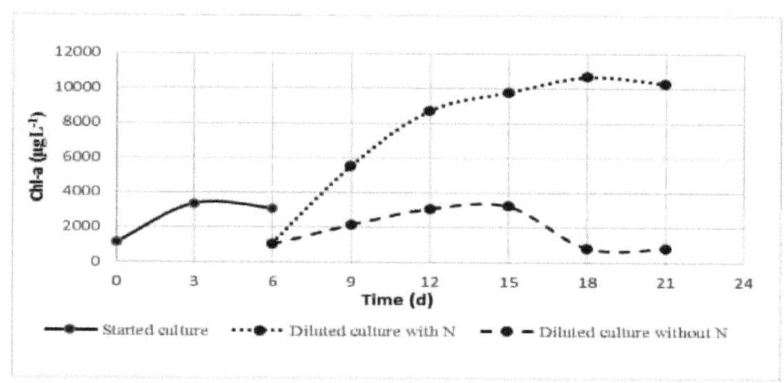

(B)

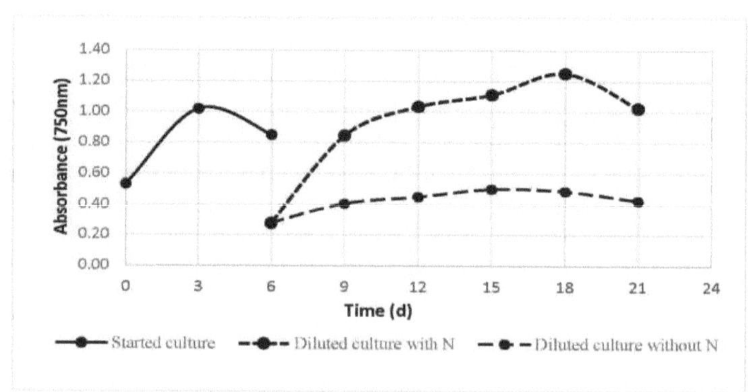

(C)

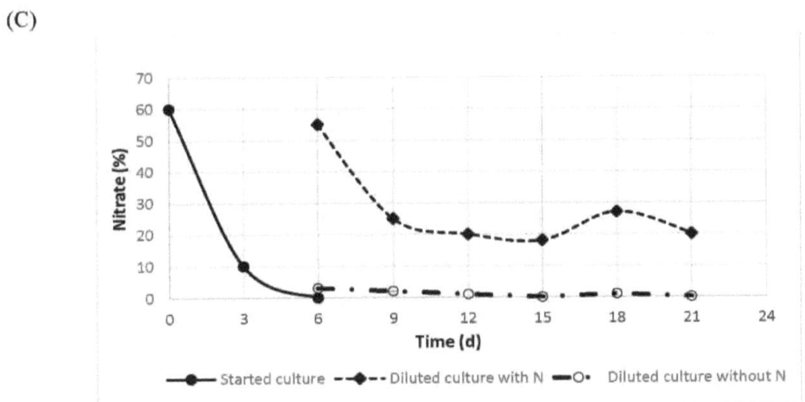

Fig. 5 Média de clorofila-a ml⁻¹ (A), turbidez (B) e resíduo de nitrato (%) ±SD para *Chlorella* sp. em condições normais e sem N (n=3)

(A)

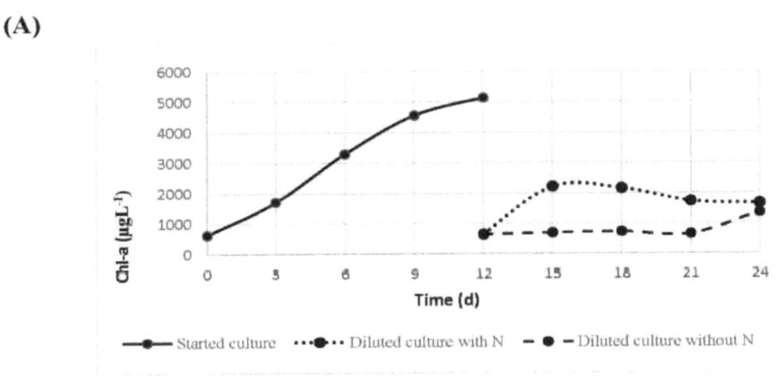

(B)

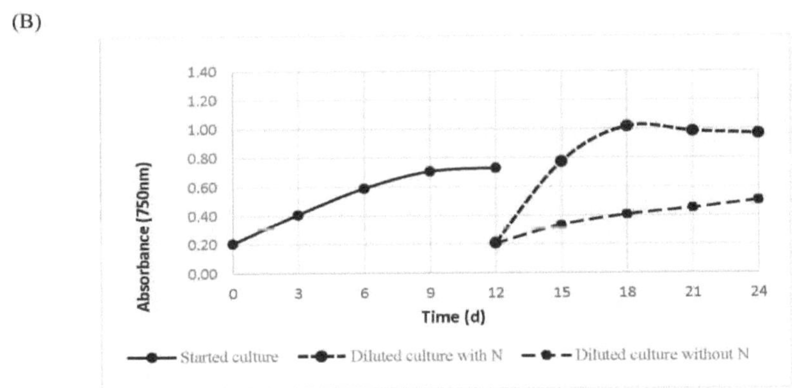

(C)

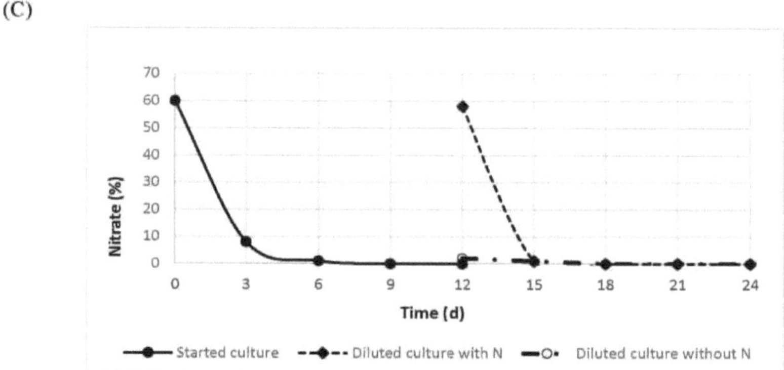

Fig. 6 Média de clorofila-a ml⁻¹ (A), turbidez (B) e resíduo de nitrato (%) ±SD para *D. quadricaudatus* em condições normais e sem N (n=3)

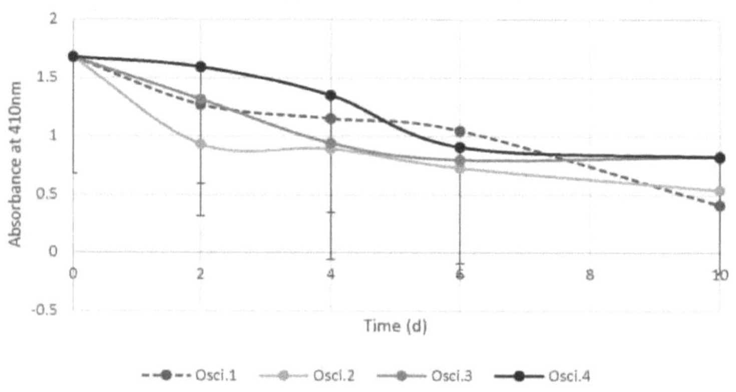

Fig.7 Níveis médios de nitrato no meio±SD para culturas de *Oscillatoria sp.* condição padrão; 1,5 gl⁻¹ NaNO3 (n=3). As barras SD para *Osci* 1&2 mostram a direção positiva e para *Osci* 3&4 a direção negativa.

Os perfis de ácidos gordos de *Chlorella* sp., *D. quadricaudatus* e *Oscillatoria* sp. foram detectados em experiências de culturas puras em lotes. Foi utilizado o meio BG11 padrão e sem azoto.

Na fase estacionária tardia de crescimento das culturas em meio livre de NaNO3, as análises de ácidos graxos mostram que *a Chlorella* sp. produziu 58,39% de ácidos graxos saturados, que foram o ácido mirístico (C14.0), ácido palmítico (C16.0) e ácido esteárico (C18.0), além de 41,60% de ácidos graxos insaturados, que foram o ácido palmitoleico (C16.1), ácido oleico (C18.1), ácido linoleico (C18.2), ácido linolênico (C18.3) e ácido eicosapentaenóico (C20.5) (Tabela 3).

Enquanto no meio padrão *Chlorella* sp. produziu 62,08% de ácidos gordos saturados (ácido palmítico, C16.0 e ácido esteárico, C18.0) e 37,92% de ácidos gordos insaturados "ácido linoleico, C18.2 e ácido eicosapentaenóico, C20.5". *O D. quadricaudatus* produziu 66,92% de ácidos gordos saturados (ácido palmítico, C16.0 e ácido esteárico, C18.0) e 33,07% de ácidos gordos insaturados (ácido palmitoleico, C16.1, ácido oleico, C18.1 e ácido linoleico, C18.2) em meio isento de NaNO3. Enquanto que no meio padrão produziu 51,62% de ácidos gordos saturados (ácido palmítico, C16.0 e ácido esteárico, C18.0) e 48,37% de ácidos gordos insaturados "ácido oleico, C18.1 e ácido eicosapentaenóico, C20.5". Assim, os resultados do quadro 3 mostram que o tipo e a quantidade de ácidos gordos são afectados pelo modo de fornecimento de azoto.

A Osci.2 tendeu a produzir diversos padrões de ácidos gordos; ácidos gordos saturados e insaturados com diferentes quantidades relacionadas com a ocorrência de nitratos que levaram à diferença na percentagem de ácidos gordos significativos para a produção de biodiesel.

Tabela 3. Perfil de ácidos gordos (% de ácidos gordos totais) de *Chlorella* sp., *D. quadricaudatus* e *Osci.2*.

Algas	Médio	C14.0	C16.0	C17.0	C18.0	C16.1	C18.1	C18.2	C18.3	C20.5	C22H32	C22H43
Chlorella sp.	Padrão	NA	14,39	NA	47.69	NA	NA	22.22	NA	15.70	NA	NA
	Sem N	1.04	50,03	NA	7.32	1.65	12.79	15.57	8.79	2.80	NA	NA
D. quadricaud atus	Padrão	NA	18.19	NA	33.43	NA	35.02	NA	NA	13.35	NA	NA
	Sem N	NA	60,15	NA	6.77	5.42	6.65	21.00	NA	NA	NA	NA
Oscilatórios	Padrão	11.42	14.07	29.72	3.05	18.74	12.66	8.24	2.10	18.74	NA	NA

2.2 Efeito de determinadas concentrações de nitrato nos ácidos gordos alvo para a produção de biodiesel

A tempo e temperatura constantes, culturas puras de *Chlorella* sp. e *Desmodesmus quadriquadatus* estudadas sob diferentes concentrações de nitrato de 0,375, 0,1857, 0,0937, 0,0468 e 0,0234 gl^{-1} BG11 para aumentar a produção de biodiesel. O nitrato reduziu-se gradualmente de uma concentração para outra em cada cultura de 7 dias. Biomassa para todas as culturas estimada como clorofila-a (μgl^{-1}) por semana.

Para todas as culturas do dia 7, foram detectadas a produtividade da biomassa (mgl d^{-1-1}), o teor de lípidos (% biomassa) e a percentagem de ácidos gordos alvo (%TFA; (C14:0, C16:0, C18:0, C16:1, C18:1, C18:2, C18:3) para a produção de biodiesel.

Produtividade volumétrica da biomassa (PBiomassa) calculada de acordo com a Equação 1;

$$PBiomassa\ (mgl\ d^{-1-1}) = (X2 - X1) / (t2 - t1)$$

Onde X1 e X2 foram as concentrações de peso seco da biomassa (mgl^{-1}) nos dias t1 (ponto de início do cultivo) e t2 (fim do cultivo), respetivamente (Hempel et al., 2012).

Teor lipídico calculado pela seguinte equação:

Teor de lípidos (%) = peso de lípidos (g) × 100/ peso da cultura (g) (Li et al., 2008).

O impacto de certas concentrações de nitrato de 0,375, 0,1857, 0,0937, 0,0468 e 0,0234 gl^{-1} NaNO3 na concentração de clorofila-a, turbidez e peso celular seco detectado semanalmente em culturas de *Chlorella* sp. e *D. quadricaudatus*. *D. quadricaudatus* atingiu uma concentração máxima de clorofila-a de 1844 ± 20 μgl^{-1} no 21º dia da cultura contendo 0,1875g NaNO3l^{-1} (Fig. 8). Enquanto *Chlorella* sp. alcançou uma concentração máxima de clorofila-a de 3734 ± 84 μgl^{-1} a 0,0468g NaNO3l^{-1} no dia 28 de diluição da cultura contendo 0,09375g NaNO3l^{-1} (Fig. 9). *Chlorella* sp. e *D. quadricaudatus* atingiram um peso celular seco máximo de 1,82 e 0,99 gl^{-1} no dia 21 da diluição da cultura contendo 0,375g NaNO3l^{-1}, respetivamente.

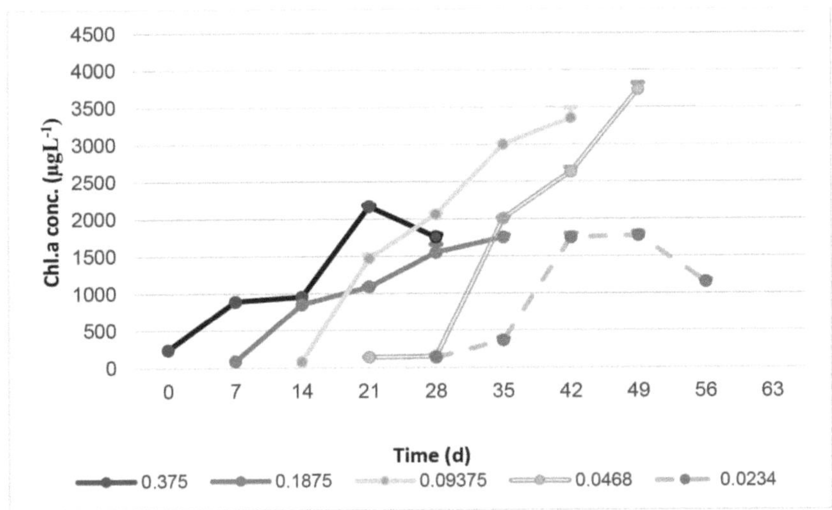

Fig. 8 Média de clorofila a ml⁻¹ ±SD para *Chlorella* sp. em diferentes condições de N (n=3)

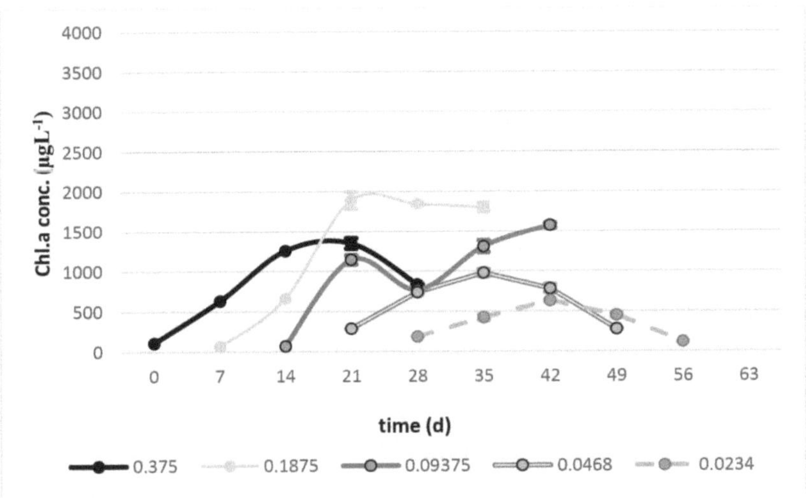

Fig. 9 Média de clorofila-a ml⁻¹ ±SD para *D. quadricaudatus* em diferentes condições de N (n=3)

O teor de lípidos (% da biomassa) e a produtividade da biomassa (mg 1d⁻¹⁻¹) em *Chlorella* sp. e *D. quadricaudatus* foram diferentes consoante a concentração de azoto. O valor mais elevado do teor de lípidos; 87,49% observado a 0,0234gl⁻¹ NaNO3 para

Chlorella sp. e 57,98% 0,375 gl^{-1} NaNO3 para *D. quadricaudatus*, respetivamente. Os valores mais elevados de produtividade de biomassa para *Chlorella* sp. e *D. quadricaudatus* foram 752,3 e 290,3 mgl d^{-1-1} observados a 0,375 gl^{-1} NaNO3 (Tabela 4).

Tabela 4 Produtividade da biomassa (mgl d^{-1-1}) e teor lipídico (% da biomassa) para *Chlorella* sp. e *D. quadricaudatus* cultivadas em diferentes concentrações de nitrato (gl^{-1}) durante 7 dias.

Concentração de nitratos gl^{-1}	Produtividade da biomassa (mgl d)$^{-1-1}$		Teor de lípidos (% da biomassa)	
	Chlorella sp.	*D. quadricaudatus*	*Chlorella* sp.	*D. quadricaudatus*
0.375	752.3	290.8	2.56	57.98
0.1857	288.4	64.3	60.49	5.68
0.0937	2.7	92.7	39.76	34.14
0.0468	263.3	18.5	8.33	51.47
0.0234	246.1	70.8	87.49	8.92

O impacto de determinadas concentrações de azoto na percentagem e no tipo de perfis de ácidos gordos produzidos por *Chlorella* sp. e *D. quadricaudatus* foi investigado após 7 dias de cultivo. Nos presentes resultados, em diferentes concentrações de azoto de 0,375, 0,1857, 0,0937, 0,0468 e 0,0234 gl^{-1} NaNO3, *a Chlorella* sp. *e a D. quadricaudatus* produziram ácidos gordos saturados e insaturados com diferentes perfis e quantidades que conduzem a diferentes percentagens de ácidos gordos significativos; ácidos gordos alvo (TFAs); (C14:0, C16:0, C16:1, C18:0, C18:1, C18:2, C18:3) para a produção de biodiesel. *Chlorella* sp. produziu 2,56, 60,49, 39,76, 8,33 e 87,49 % de TFAs a 0,375, 0,1857, 0,0937, 0,0468 e 0,0234 gl^{-1} NaNO3, respetivamente. *O D. quadricaudatus* produziu 57,98, 5,68, 34,14, 51,47 e 8,92 % de AGT a 0,375, 0,1857, 0,0937, 0,0468 e 0,0234 gl^{-1} NaNO3, respetivamente (Quadros 5&6). De acordo com estes resultados, a limitação de azoto é a chave para a produção de biodiesel a partir de *Chlorella* sp. e a carência de azoto é a chave para a produção de biodiesel a partir de *D. quadricaudatus*.

A Osci.2 foi cultivada durante 21 dias em meio BG11 com diferentes concentrações de azoto (375, 185,7, 93,7, 46,8 e 23,4 mgl^{-1} NaNO3). O peso seco das células (mgl^{-1}), a produtividade da biomassa (mgl d^{-1-1}) e os perfis de ácidos gordos detectados foram medidos semanalmente para todas as concentrações, além disso, ao 14º dia, os perfis de ácidos gordos foram analisados para culturas cultivadas em 375 e 185,7 mgl^{-1} NaNO3. Além disso, após mais 7 dias, os perfis de ácidos gordos foram analisados para as culturas cultivadas em 375 mgl^{-1} NaNO3.

Quadro 5 Perfil dos ácidos gordos da *Chlorella* cultivada em meio BG11 com diferentes concentrações de azoto durante 7 dias

| NaNO$_3$ (gl^{-1}) | Saturated fatty acids (%) | | | | | | Unsaturated fatty acids (%) | | | | | | TFA |
	C7	C10	C14	C16	C17	C18	C18.1	C18.2	C18.3	C20.3	C20.4	C20.5	
0.375	90.34	0	1.11	2.35	1.07	1.11	0	0	0.91	1.16	0	1.93	5.48
0.1857	0	25.03	26.24	9.92	24.98	1.36	4.21	0.2	0	6.23	0	1.84	41.93
0.0937	0	15.73	17.42	19.95	15.45	2	1.97	2.78	0	14.63	5.72	4.32	44.12
0.0468	0	19.06	24.12	11.08	19.06	4.97	0.92	0	0	9.48	0	11.32	41.09
0.0234	0	19.47	3.1	23.89	4.61	6.59	5.74	3.39	0	12.61	0	19.76	42.71

Tabela 6 Perfil de ácidos gordos de *D. quadricaudatus* cultivado em meio BG11 com diferentes concentrações de azoto durante 7 dias.

| NaNO$_3$(gl^{-1}) | Saturated fatty acids (%) | | | | | Unsaturated fatty acids (%) | | | | | | TFA |
	C10	C14	C16	C17	C18	C18.1	C18.2	C18.3	C20.3	C20.4	C20.5	
0.375	2.99	3.26	35.71	2.16	4.88	7.08	5.44	9.02	13.6	2.62	13.28	65.39
0.1857	4.61	4.86	27.65	4.53	0	0	0	0	46.99	0	11.36	32.51
0.0937	19.83	18.24	32.08	6.27	4.76	2.38	2.02	0	0	2.31	12.11	59.48
0.0468	16.2	19.93	23.11	7.28	3.28	3.28	0	0	7.92	0	4	49.6
0.0234	5.89	6.57	22.47	5.58	3.01	31.31	0	0	17.08	0	8.03	63.36
0	12.55	18.39	27.77	4.69	2.5	16.99	1.22	0	5.36	0	10.48	66.87

Tabela 8 Perfil de ácidos gordos de *Oscillatoria* sp. cultivada em meio BG11 com diferentes concentrações de azoto durante 7 dias.

| NaNO$_3$ (mgl^{-1}) | Days | Saturated fatty acids (%) | | | | | | Unsaturated fatty acids (%) | | | | | TFAs |
		C7	C10	C14	C16	C17	C18	C18.1	C18.2	C20.5	C22H32	C22H34	
375	7	0	0	9.278	0	0	0	0	2.598	77.52	3.56	9.43	9.27
158.7	7	0	0	0	40.44	0	9.46	0	29.48	0	0	20.62	79.38
93	7	84.71	4.04	2.56	3.17	2.93	0.49	0	1.08	0.57	0	0	7.3
46	7	0	0	0	0	0	0	13.72	4.26	55.25	0	26.78	17.98
23	7	0	0	36.21	0	0	0	0	3.4	39.38	3.63	17.37	39.61
0.375	14	0	0	0	4.4	0	0	0	20.2	0	0	75.41	24.6
0.1857	14	0	0	0	19.12	0	7.71	0	17.12	5.81	0	50.26	43.95
0.375	21	0	0	5.51	51.95	0	7.89	0	5.51	7.76	0	21.4	70.86

De acordo com os resultados do DCW e da produtividade da biomassa, não se registaram grandes diferenças entre as culturas cultivadas em 1500 e 375 mgl^{-1} NaNO3.

Enquanto que com concentrações de nitrato mais baixas, foram observados pesos de células secas e produtividade de biomassa mais baixos (Tabela 7).

Quadro 7 Peso de células secas (mg 100ml^{-1}) e produtividade de biomassa (mgl d^{-1-1}) para longos períodos de cultura de diferentes *Osci* 2.

NaNO3 (mgl$^{-1)}$	Peso da célula seca (mg 100ml)$^{-1}$			Produtividade da biomassa (mgl d)$^{-1-1}$		
	Dia 7	Dia 14	Dia 21	Dia 7	Dia 14	Dia 21
375	3549	4973	5018	507	355	238
185	21	308	9	3	44	1.3
93	11	20	4	1.6	2.9	0.55
46	5	5	3	0.7	0.65	0.45
23	5	1	1	0.7	0.07	0.07

A Osci.2 tendeu a produzir diversos padrões de ácidos gordos; ácidos gordos saturados e insaturados com diferentes quantidades relacionadas com diferentes concentrações de nitrato que levam à diferença na percentagem de ácidos gordos significativos; TFAs; (C14:0, C16:0, C16:1, C18:0, 237 C18:1, C18:2, C18:3) para a produção de biodiesel. Após a primeira semana de cultivo, a *Osci.2* produziu a percentagem máxima (79,38) de ácidos gordos alvo a 185,7 mgl^{-1} NaNO3, que diminuiu após mais sete dias para 43,95%. Enquanto que a 375 mgl^{-1} NaNO3, os AGT aumentaram gradualmente de um mínimo de 9,3% para um máximo de 70,86% ao 21° dia. *A Osci.2* produziu uma percentagem mais elevada de ácidos gordos não visados como C7.0, C17.0 e C20.5 (Quadro 8).

2.3 Desafios da produção de biodiesel a partir de *Chlorella* sp. *e*
D. quadricaudatus

A introdução e a comercialização bem sucedidas do biodiesel em muitos países do mundo foram acompanhadas pelo desenvolvimento de normas para garantir a elevada qualidade do produto e a confiança dos utilizadores. Algumas normas relativas ao biodiesel são a American Society for Testing and Materials (ASTM) D6751 e a norma europeia (EN) 14214. As normas ASTM e EN recomendam métodos muito semelhantes para as análises baseadas em GC. (Tyagi et al., 2010).

Ambas as partes, o ácido gordo e o álcool, podem ter uma influência considerável nas propriedades do combustível, como o índice de cetano (CN) em relação à combustão e às emissões de gases de escape, o fluxo a frio, a estabilidade oxidativa, a viscosidade e a lubricidade. De um modo geral, o índice de cetano, o calor de combustão, o ponto de fusão e a viscosidade dos compostos gordos puros aumentam com o comprimento da cadeia e diminuem com o aumento da insaturação (Knothe, 2005).

Chlorella sp. e *D. quadricaudatus* foram cultivadas durante 28 dias em meio BG11 com 0,375 gl^{-1} NaNO3. O óleo extraído foi convertido em biodiesel através do processo de transesterificação. A composição química e alguns parâmetros físico-químicos foram determinados para as amostras de biodiesel. O biodiesel de *Chlorella* sp. continha 35,73% de éster metílico do ácido linolénico como o principal éster metílico de ácidos gordos insaturados, enquanto o biodiesel de *D. quadricaudatus* continha 62,5% de éster metílico do ácido palmítico como o principal éster metílico de ácidos gordos saturados (Tabela 9).

Tabela 9 perfis de ácidos gordos para *Chlorella* sp. e *D. quadricaudatus* cultivadas em 0,375 gl^{-1} NaNO3 durante 28 dias.

Denominações sistémicas de Éster metílico de ácidos gordos	Número de carbono	%wt. *Chlorella* sp.	%wt. *D. quadricaudatus*
Ácido tridecanóico	C13:0	--	1.9
Ácido mirístico	C14:0	--	1.02
Ácido pentadecanóico	C15:0	--	1.5
Ácido palmítico	C16:0	6.12	62.5
Ácido heptadecanóico	C17:0	3.19	3.5
Ácido esteárico	C18:0	27.03	4.6
Ácido palmitoleico	C16:1	--	0.35
Ácido oleico	C18:1	7.57	2.9

Ácido linoleico	C18:2	--	9.5
Ácido linolénico	C18:3	35.73	6.6
Ácido eicosapentaenóico	C20:5	2.09	0.37
Ácido araquidónico	C20:4	--	2.97
Ácido docsahexanóico	C22:6	--	3.02

Os parâmetros físico-químicos incluem o índice de acidez, o índice de iodo, o índice de cetano, o ponto de obstrução do filtro a frio e o índice de aquecimento elevado para as amostras de biodiesel de *Chlorella* sp. e *D. quadricaudatus* investigadas. Os resultados mostraram que a percentagem de valores de acidez era superior aos valores das normas ASTM 6751-02 e EN14214, enquanto os valores do índice de iodo e do índice de cetano eram inferiores às normas (Tabela 10).

As qualidades das amostras de biodiesel produzidas a partir de *Chlorella* e *D. quadricaudatus* estão dentro dos limites das normas ASTM e EN. As amostras de biodiesel produzidas a partir de *Chlorella* e *D. quadricaudatus* têm números de cetano de 85,53 e 49,61, respetivamente, e estes resultados são aceites pela ASTM (> 47 wt.%). O índice de cetano diminui com o comprimento da cadeia e com o aumento da ramificação e da insaturação (Freedman et al., 1990; Sobotowski et al., 2001).

O grau de saturação é indicado pelo Índice de Iodo (IV) do óleo. Os óleos com baixo IV têm valores de cetano mais elevados e são combustíveis mais eficientes do que os óleos com IV elevado, mas também têm pontos de fusão mais elevados e são normalmente sólidos à temperatura ambiente, podendo ser apenas adequados para utilização como combustível de verão. Os óleos de IV elevado têm pontos de fusão mais baixos e são melhores para biodiesel em tempo frio. Além disso, têm valores de iodo de 68,645 e 100,05 mg I2 g⁻¹ para *Chlorella* e *D. quadricaudatus*, respetivamente. O número de acidez do biodiesel é um indicador dos ácidos gordos livres (Tubino & Aricetti, 2011).

O índice de acidez do biodiesel é principalmente um indicador de ácidos gordos livres (produtos naturais de degradação de gorduras e óleos) e pode ser elevado se o combustível não for fabricado corretamente ou tiver sofrido degradação oxidativa.

Números de acidez superiores a 0,50 têm sido associados a depósitos no sistema de combustível e à redução da vida útil das bombas e filtros de combustível (Biodiesel Handling and Use Guide, 2008). As amostras de biodiesel produzidas a partir de *Chlorella* e *D. quadricaudatus* têm um número de acidez de 62,65±2,6 e 57,43±1,9 mg KOH.oilg^{-1} , respetivamente. Por conseguinte, estas amostras necessitam de algumas melhorias.

O ponto de obstrução do filtro a frio (CFPP), que indica o desempenho do fluxo de biodiesel a baixa temperatura, foi de aproximadamente 15 °C para a amostra de algas. Os limites de temperatura são diferentes para cada país e clima, sendo 0 e 10 °C os limites máximos para o verão e o inverno em Espanha, respetivamente (Knothe, 2006; Ramos et al., 2009). As amostras de biodiesel produzidas a partir de *Chlorella* e *D. quadricaudatus* têm CFPP de 27,91 e 10,38°C, respetivamente e têm um elevado valor calorífico de 18645 e 18181 Btu.lb^{-1} , respetivamente.

Tabela 10: Propriedades do biodiesel de *Chlorella* e *D. quadricaudatus* cultivadas em 0,375 gl^{-1} NaNO3 durante 28 dias.

Imóveis	Unidade	Valores médios Chlorella sp.	Valores médios de D. quadricaudatus	ASTM 67502 para biodiesel (B100)	EN 14214 para biodiesel (B100)
Valor ácido	mg KOH. óleo g^{-1}	62.655 ±2.058	57.435 ±1.88	0,5 max.	0.5
Valor de iodo	mg I2 g^{-1}	68.645 ±2.623	100.05 ±4.19		120
Cetano número		58.53	49.61	47 minis.	51
Ponto de obstrução do filtro a frio	°C	27.91	10.38		
Elevado poder calorífico	Btu.lb^{-1}	18645	18181	538581.76	

Conclusão

As microalgas são fontes promissoras para a produção de biodiesel. A escolha de microalgas para os perfis de ácidos gordos e para a produção de biocombustível requer um equilíbrio entre as espécies que crescem rapidamente e as que produzem óleo em grandes quantidades. É importante dispor de dados sobre a forma como a inanição de azoto pode influenciar o perfil dos ácidos gordos produzidos, pelo que os vários perfis de ácidos gordos das diferentes fontes utilizadas para a produção de biodiesel.

Chlorella sp., *D. quadricaudatus* e *Oscillatoria* sp. são espécies promissoras para a produção de biodiesel. A qualidade e a quantidade de biodiesel dependem da produtividade da biomassa e dos perfis de ácidos gordos. Tanto o crescimento como o teor de lípidos dependem não só das condições de cultura, como os nutrientes, mas também da estirpe de algas e do período de cultivo. Os revisores concordam com os nossos resultados: o perfil de ácidos gordos pode ser controlado não só pela fome mas também pelo nível de limitação e a produtividade da biomassa é um bom indicador da aptidão para a produção de biodiesel.

Um dos processos mais importantes para estudar os perfis de ácidos gordos é a colheita da produção de algas. Concluímos que a menor concentração de alúmen que precipitou a maioria das células *de Chlorella* foi 1,80 mmol de alúmen l^{-1} . No entanto, D. quadricaudatus foi auto-precipitada e *Oscillatoria* sp. foi facilmente colhida.

Comentários consistentes com os nossos resultados, em que o perfil de ácidos gordos depende principalmente da estirpe de algas e das condições de crescimento. Além disso, o perfil de ácidos gordos pode ser controlado não só pela fome mas também pelo nível de limitação. A produtividade da biomassa é um bom indicador da aptidão para a produção de biodiesel. Para determinar a produtividade máxima da biomassa e o teor lipídico dos géneros de algas, é necessário examinar diferentes concentrações de azoto.

As propriedades mais importantes do biodiesel são o índice de cetano, as propriedades de fluxo a frio, a estabilidade oxidativa e o índice de iodo. Para ser aceite pelo utilizador, o biodiesel de microalgas terá de cumprir as normas existentes. Nos nossos resultados, a composição do biodiesel produzido a partir de *Chlorella* sp. é rica em ácidos gordos insaturados, enquanto que em *D. quadricaudatus* é rica em ácidos gordos saturados.

As qualidades das amostras de biodiesel produzidas a partir de ambas as espécies estão dentro dos limites das normas ASTM e EN. Concluímos que *a Chlorella* sp. e *a D. quadricaudatus* são adequadas para a produção de biodiesel, uma vez que os seus perfis de ácidos gordos contêm os tipos de ácidos gordos adequados.

Referências

Alam A.; Ullah S.; Aftab S.; Alam S.; Khan Y.; Rahman K. e Zahoor. (2017): Avaliação de *Sirogonium sticticum, Uronema elongatum, Chroococcus turgidus* e *Temnogyra reflexa* para produção de biodiesel no Paquistão. Biofuels. 8(3):391-399.

Al-lwayzy S. H.; Yusaf T. e Al-Juboori R. A. (2014): Biocombustíveis da microalga de água doce *Chlorella vulgaris* (FWM-CV) para motores a diesel. Energies. 7:1829-185.

An, S.S.; Friedl, T. e Hegewald, E. (1999): Phylogenetic relationships of *Scenedesmus* and *Scenedesmus-like* coccoid green algae as inferred from IT-2 rDNA sequence comparisons. Biologia Vegetal. 1: 418-428.

Bajhaiya, A. K.; Mandotra, S. K.; Suseela, M.R.; Toppo, K. e Ranade, S. (2010). Algal Biodiesel: The Next Generation Biofuel for India, Asian Journal of Experimental Biological Science. 1:728- 739

Barry A.; Wolfe A.; English C.; Ruddick C. e Lambert D. (2010): National Algal Biofuels Technology Roadmap: eere. energy. gov/bioenergy / pdfs / algal biofuels_ roadmap.pdf, DOE (Departamento de Energia dos EUA). 2016. National Algal Biofuels Technology Review. Departamento de Energia dos EUA, Gabinete de Eficiência Energética e Energias Renováveis, Gabinete de Tecnologias de Bioenergia.

Basova, M.M. (2005): Composição de ácidos gordos dos lípidos em microalgas. International Journal of Algae. 7:33-57.

Beijerinck, M.W. (1890). Culturversuche mit Zoochlorellen, Lichenengonidien und anderen niederen Algen. Botanische Zeitung. 47:725-739, 741-754, 757-768, 781-785.

Bhatia S. C. (2014): Sistemas avançados de energia renovável. Parte 1. CRC Press. pp. 589.

Biodiesel Handling and Use Guide, Laboratório Nacional de Energias Renováveis. (2008). Inovação para o nosso futuro energético, NREL/TP-540-43672.

Borowitzka, MA. (1988). Gorduras, óleos e hidrocarbonetos. In: Borowitzka MA,

Borowitzka LJ, editores. Micro-algal biotechnology. Cambridge: Cambridge University Press. 257-287.

Cakmak T.; Angun P.; Ozkan A. D.; Cakmak Z.; Olmez T. T. e Tekinay T. (2012): Privação de nitrogênio e enxofre diferenciar alvos de acumulação de lipídios de *Chlamydomonas reinhardtii*, Bioengineered. 1; 3(6): 343-346

Canakci M.; Gerpen V. J. (2001). Produção de biodiesel a partir de óleos e gorduras com elevado teor de ácidos gordos livres. Transacções da ASAE. 44: 1429-36.

Chisti Y. (2007): Biodiesel from Microalgae. Biotechnology Advances. 25:294-306.

Cho, S.; Luong, TT.; Lee, D.; Oh, Y-K. e Lee, T. (2011), Reutilização de água de efluentes de uma estação municipal de tratamento de águas residuais no cultivo de microalgas para a produção de biocombustíveis. Bioresource Technology.102: 8639-8645.

Christenson, L. e Sims, R. (2011): Produção e colheita de microalgas para tratamento de águas residuais, biocombustíveis e bioprodutos. Biotechnology Advances. 29(6):686-702.

Dayananda, C.; Sarada, R.; Kumar, V. e Ravishankar, G.A. (2007). Isolamento, caraterização de microalgas verdes produtoras de hidrocarbonetos *Botryococcus braunii* de corpos de água doce indianos. Revista Eletrónica de Biotecnologia. 10, 7891.

Dunahay, T. G.; Jarvis, E. E.; Dais, S. S. e Roessler, P. G. (1996): Manipulação da produção de lípidos de microalgas usando engenharia genética. Biotechnology and Applied Biochemistry. 57:223-231.

Ebrahimpour A.; Abd Rahman, Z. R.; Ch'ng, H. Ean.; Basri M. e Salleh, A. B. (2008): Um estudo de modelagem por metodologia de superfície de resposta e rede neural artificial sobre a otimização de parâmetros de cultura para a produção de lipase termoestável de um *Geobacillus* sp. termófilo recém-isolado. estirpe ARM. BMC Biotecnologia. 8:96.

Feng, X.; Walker, T.H.; Bridges, W.C.; Thornton, C. e Gopalakrishnan, K. (2014):

Produção de biomassa e lipídios de *Chlorella protothecoides* sob cultivo heterotrófico em um substrato de resíduos mistos de fermentação de cerveja e glicerol bruto. Bioresource Technology.166:17-23.

Freedman, B.; Bagby, M.O.; Callahan, T.J. e Ryan T.W. (1990). SAE Technical Paper Serious 900343, Society of Automotive Engineers, Warrendale, PA, pp. 9.

Garofalo, R. (2011). Algas e biomassa aquática para uma produção sustentável de biocombustíveis de 2nd geração. (AquaFUELs). Proposta nº AQUAFUEL FP7 - 241301-2. Ação de Coordenação FP7-ENERGY- 2009-1. Projeto Aquafuels, Conselho Europeu do Biodiesel (EBB), Bruxelas. URL: http://www.aquafuels.eu/attachments/079

Gerpen, J.V. e Knothe, G. (2005). Biodiesel Production, Basics of the Transesterification Reaction, AOCS Press.

Gokhale, D. V.; Patil, S. G. e Bastawde, K. B. (1991): Otimização da produção de celulase por *Aspergillus niger* NCIM 1207. Applied Biochemistry and Biotechnology. 30(1):99-109

Gopinath, A.; Puhan, S. e Nagarajan, G. (2010): Efeito da configuração estrutural do biodiesel na sua qualidade de ignição. Energy & Environmental Science. 1:295-306.

Goto, S.; Oguma, M. e Chollacoop, N. (2010): Biodiesel fuel quality. Benchmarking of biodiesel fuel standardization in East Asia Working Group. Em EAS-ERIA Biodiesel Fuel Trade Handbook; ERIA: Jacarta, Indonésia. pp. 2762

Gouveia L. e Oliveira A. C. (2009): Microalgas como matéria-prima para a produção de biocombustíveis. Journal of Industrial Microbiology and Biotechnology. 36:269-274

Gray D.; White C.; Tomlinson G.; Ackiewicz M.; Schmetz E. e Winslow J. (2007): Aumentar a segurança e reduzir as emissões de carbono do sector dos transportes dos EUA: A transformational role for coal with biomass; DOE/NETL-2007/1298, Nat'l Energy Tech Lab.

Griffiths, M., e Harrison, S. (2009): Produtividade lipídica como uma caraterística chave para a escolha de espécies de algas para a produção de biodiesel. Journal of Applied Phycology. 21:493-507.

Gülyurt, M. O.; Ozçimen, D. e Inan, B. (2016): Produção de biodiesel a partir de óleo *de Chlorella protothecoides* por transesterificação assistida por micro-ondas, International Journal of Molecular Sciences. 17: 579.

Hamedi, S.; Mahdavi, M. A. e Gheshlaghi, R. (2016): Produtividades melhoradas de lípidos e biomassa em *Chlorella vulgaris*, diferindo o meio de inoculação do meio de produção. Biofuel Research Journal. 10:410-416.

Hannon, M.; Gimpel, J.; Tran, M.; Rasala, B. e Mayfield S. (2010): Biofuels from algae: challenges and potential. Biofuels. 1(5):763-784.

Hempel, N.; Petrick, I. e Behrendt, F. (2012). Produtividade da biomassa e produtividade de ácidos gordos e aminoácidos de estirpes de microalgas como caraterísticas-chave de adequação para a produção de biodiesel. Journal of Applied Phycology. 24:1407-1418.

Ho, S.; Nakanishi, A.; Ye, X.; Chang, J.; Chen, C.; Hasunuma, T. e Kondo, A. (2015): Perfil metabólico dinâmico da microalga marinha *Chlamydomonas* sp. JSC4 e melhorando sua produção de óleo, otimizando a intensidade da luz. Biotecnologia para Biocombustíveis.8:48.

Ho, S.H.; Chen, W.M. e Chang, J.S. (2010): *Scenedesmus obliquus* CNW-N como potencial candidato para a mitigação de CO_2 e produção de biodiesel. Bioresource Technology. 101:8725-8730.

Hsieh, H. e Wu, W.T. (2009). Cultivo de microalgas para produção de óleo com uma estratégia de cultivo de limitação de ureia. Bioresource Technology. 100:3921-3926.

Hu, Q.; Sommerfeld, M.; Jarvis, E.; Ghirardi, M.; Posewitz, M.; Seibert e Darzins, A. I. (2008). Microalgal triacylglycerols as feedstock for biofuel production: perspectives and advances. Plant Journal. 54:621-639.

Huang, G.; Chen, F.; Wei, D.; Zhang, X. e Chen, G. (2010): Produção de biodiesel por biotecnologia de microalgas. Applied Energy .87:38-46.

Illman, A.M.; Scragg, A.H. e Shales, S.W. (2000): Aumento dos valores caloríficos das estirpes *de Chlorella* quando cultivadas em meio com baixo teor de azoto. Enzyme and Microbial Technology. 27:631-635.

Islam, M. A.; Brown, R. J.; O'Hara, I. e et al. (2014): Efeito da temperatura e da humidade na extração de lípidos/óleo a alta pressão de microalgas. Energy Conversion and Management. 88:307-316.

Jaimes-Duartel, D.L.; Soler-Mendozal, O. W.; Velasco-Mendozal, J.; Munoz-Penalozal, Y. e Urbina-Suàrez, N.A. (2012): Caracterização de Microalgas Chlorophytas com Potencial na Produção de Lípidos para Biocombustíveis. CT&F Ciencia, Tecnologia y Futuro. 5:93-102.

James, G. O.; Hocart, C. H.; Hillier, W.; Price, G. D. e Djordjevic, M. A. (2013): Modulação da temperatura dos perfis de ácidos gordos para a produção de biocombustíveis em *Chlamydomonas reinhardtii* privadas de azoto. Bioresource Technology. 127:441-447

Jena, J.; Nayak, M.; Panda, H.S.; Pradhan, N.; Sarika, C.; Panda, P.K.; Rao, B.; Prasad, B.N. e Sukla, L.B. (2012). Microalgas da costa de Odisha como uma fonte potencial para a produção de biodiesel. World Environment. 2:11-16.

Jiang, Y.; Yoshida, T. e Quigg, A. (2012). Desempenho fotossintético, produção de lipídios e composição da biomassa em resposta à limitação de nitrogênio em microalgas marinhas. Fisiologia e Bioquímica de Plantas. 54:70-77.

Jitha, G. e Madhu. (2016): cultivo de *Oscillatoria* sp em águas residuais de laticínios em biorreatores fotográficos de dois estágios para produção de biodiesel. GCivil Engineering and Urban Planning: An International Journal. 3 (2):87-96.

Kasim, F. H.; Harvey, A. P. e Zakaria, R. (2010); Produção de biodiesel por transesterificação in situ. Biofuels. 1(2):355-365.

Kaur, S.; Sarkar, M.; Srivastava, R. B.; Gogoi1, H. K. e Kalita, M. C. (2012). Perfil de ácidos graxos e caraterização molecular de algumas microalgas de água doce da Índia com potencial para produção de biodiesel. Nova Biotecnologia. 29:332-344.

Kilian, O.; Benemann, CSE.; Niyogi, KK. e Vick, B. (2011). Recombinação homóloga de alta eficiência na alga produtora de óleo *Nannochloropsis* sp. Resultados da pesquisaProceedings of the National Academy of Sciences of the United States. 108:21265-21269.

Knothe, G. (2005): Dependência das propriedades do combustível biodiesel na estrutura dos ésteres alquílicos de ácidos gordos. Tecnologia de Processamento de Combustível. 86:1059-1070.

Lee, S.J.; Go, S.; Jeong, G.T. e Kim, S.K. (2011). Produção de óleo de cinco microalgas marinhas para a produção de biodiesel. Biotecnologia e Engenharia de Bioprocessos. 16:561-566.

Lewin R. A. (1983): Phycotechnology. How Microbial Geneticists Might Help; BioScience. 33 (3):177-179.

Li, Y.; Horsman, M.; Wang, B.; Wu, N. e Lan, C. Q. (2008): Efeitos das fontes de azoto no crescimento celular e na acumulação de lípidos da alga verde *Neochloris oleoabundans*. Microbiologia Aplicada e Biotecnologia. 81:629-36.

Li, Y.; Zhang, X.; Hu, Q. e Sommerfeld, M. (2011): A type-2 acyl- coa:diacylglycerol acyltransferase gene is essential for endoplasmic reticulumbased triacylglycerol synthesis in *Chlamydomonas reinhardtii*. Journal of Phycology. 47:S59-S59.

Lin, T. S. e Wu, J. Y. (2015): Efeito das fontes de carbono no crescimento e acumulação de lípidos de microalgas recém-isoladas cultivadas em condições mixotróficas. Bioresource Technology. 184:100-107.

Liu, J.; Huang, J.; Sun, Z. e et al. (2011): Perfis diferenciais de lípidos e ácidos gordos de *Chlorella zofingiensis* fotoautotrófica e heterotrófica: Avaliação de óleos de algas para a produção de biodiesel. Bioresource Technology. 102: 106-110.

Lu, Y.; Kong, R. e Liu, J. (2012): Clonagem e análise da expressão do gene accD em *Chlorella protothecoides* FACHB-2. Jornal Africano de Investigação em Microbiologia. 6:7545-7549.

Mandal, S. e Mallick, N. (2009): Microalga *Scenedesmus obliquus* as a potential source for biodiesel production, Applied Microbiology and Biotechnology. 84:281-291.

Martinot E. (2013): Renewables Global Futures Report; Paris: Secretariado REN21.

Mobin, S. e Alam, F. (2014): Produção de biocombustível a partir de algas que utilizam águas residuais, 19th Conferência Australasiana de Mecânica dos Fluidos Melbourne, Austrália.

Muthulakshmi, R. e Meenatchisundaram, K. (2015): produção de biodiesel a partir de microalgas *Spirogyra* sp., *Oscillatoria foreani* e *Chlorella pyrenoidosa* , Life Science Archives. 1 (2):84-89.

Myung, J. H. e Hong S. (2015): Dispositivos microfluídicos para enriquecer e isolar células tumorais circulantes, Lab Chip. 15:4500-4511.

Park, J.B.K.; Craggs, R.J. e Shilton, A.N. (2011). Reciclagem de algas para melhorar o controlo das espécies e a eficiência da colheita de uma lagoa de algas de alta taxa. Investigação sobre a água. 45:6637-6649.

Paul R. P.; Lab on a Chip' systems for environmental analysis; Tese de Mestrado em Tecnologia Ambiental, Universidade de Stavanger, Noruega, 2014-08-13, http://hdl.handle.net/11250/222882.

Quintana, N.; Van der Kooy, F.; Van de Rhee, M. D.; Voshol, G. P. e Verpoorte, R. (2011): Energia renovável a partir de cianobactérias: otimização da produção de energia por engenharia de vias metabólicas. Microbiologia Aplicada e Biotecnologia. 91:471-490.

Rodolfi, L.; Zittelli, G. C.; Bassi, N.; Padovani, G.; Biondi, N.; Bonini, G. e Tredici, M.R. (2009): Microalgas para óleo: seleção de estirpes, indução da síntese de lípidos e cultivo em massa ao ar livre num fotobiorreactor de baixo custo. Biotecnologia e Bioengenharia. 102:100-112.

Saad, M. G.; Shafik, H. M. (2015): Impacto das concentrações de azoto no crescimento, perfis de ácidos gordos, teor de lípidos e produtividade da biomassa de *Chlorella* sp. e *Desmodesmus quadricaudatus* para aumentar a produção de biodiesel. Resumo aceite na 5ª Conferência Internacional sobre Biomassa Algal, Biocombustíveis e

Bioprodutos. EUA.

Sanchez, M. D. M.; Medina, A. R.; Pena, E. H. e et al. (2015): Produção de biodiesel a partir de biomassa microalgal húmida por transesterificação direta. Fuel. 150:14-20.

Sarpal, A. S.; Costa, I. C. R.; Teixeira, C. M. L. L.; Filocomo, D.; Candido, R. e et al. (2016): Investigação do Potencial de Biodiesel de Biomassas de Microalgas *Chlorella*, *Spirulina* e *Tetraselmis* por Técnicas de RMN e GC-MS. Journal of Biotechnology and Biomaterials. 6:220.

Scholz, M.; Hoshino, T.; Johnson, D.; Riley, M.R. e Cuello, J. (2011): Floculação de células deficientes em parede de *Chlamydomonas reinhardtii* mutante cw15 por cálcio e metanol. Biomassa Bioenergia. 35:4835-4840.

Scott, E.L.; Kootstra, A.M.J. e Sanders, J.P.M. (2010). Perspectivas sobre bioenergia e biocombustíveis. Em: Singh, O.V e S.P. Harvey (eds.) Sustainable Biotechnology. Elsevier, Países Baixos. pp. 179-194.

Shafik, H. M.; Saad, M. G. e Zoromba M. Sh. (2016): É a chave para o biodiesel de algas, ausência de nitrogênio ou limitação? "*Oscillatoria* sp. como um estudo de caso"; Resumo aceite na 6th Conferência Internacional sobre Biomassa de Algas, Biocombustíveis e Bioprodutos. EUA.

Shafik, H.M. (1991). Growth, Nutrient uptake and competition of algae of Lake Balaton in flowthrough cultures, Dissertação não publicada em cumprimento parcial dos requisitos para o grau de Doutor em Filosofia, Academia Húngara de Ciências, Hungria. pp.121.

Sharma, A. K.; Sahoo, P. K.; Singhal, S. e Patel, A. (2016): Impacto de vários meios e fontes de carbono orgânico no potencial de produção de biocombustível de *Chlorella* spp.; Biotecnologia. 6:116.

Sheehan, J.; Dunahay T.; Benemann J. e Roessler, P. (1998a). A look back at the U.S. Department of Energy's Aquatic Species Program: Biodiesel from algae. Relatório dos EUA NREL/TP-580-24190. Golden CO: Laboratório Nacional de Energias Renováveis, pp. 323.

Sheehan, J.; Camobreco, V.; Duffield, J.; Graboski, M. e Shapouri, H. (1998b). An Overview of Biodiesel and Petroleum Diesel Life Cycles, NREL/TP-580-24772, National Renewable Energy Laboratory, Golden, CO.

Singh, B.; Guldhe, A.; Rawat, I. e Bux, F. (2014): Rumo a uma abordagem sustentável para o desenvolvimento de biodiesel a partir de plantas e microalgas. Renewable & Sustainable Energy Reviews. 29:216-245.

Single, V. (2012): Study of performance and emission characteristics of different blends of biodiesel prepared from waste cottonseed oil, Tese apresentada em cumprimento do Mestrado em Engenharia Térmica, Department Of Mechanical Engineering, Thapar University, India.

Sobotowski, R.A.; Wall, J.C.; Hobbs, C.H.; Matheaus, A.C.; Mason, R.L.; Ryan III, T.W.; Passavant, G.W. e Bond, T.J. (2001): SAE Paper 2001-011857, também publicado em Diesel and Gasoline Performance and Additives (SAE Special Publication SP-1551).

Spoehr, H.A. e Milner, H.W. (1949): A composição química de *Chlorella*: Efeito das condições ambientais. Fisiologia Vegetal. 24:120-149.

Spolaore, P.; Joannis-Cassan, C.; Duran, E. e Isambert, A. (2006): Commercial applications of microalgae. Journal of Bioscience and Bioengineering. 101:87-96.

Plataforma Tecnológica Europeia de Biocombustíveis: a inovação ao serviço dos biocombustíveis sustentáveis (2016).

O Parlamento Europeu e o Conselho, de 8 de maio de 2003 (Diretiva 2003/30/CE), relativa à promoção da utilização de biocombustíveis ou de outros combustíveis renováveis nos transportes, JOUE. 123, 42-46.

Thomas, W.H.; Tornabene, T.G. e Weissman, J. (1984): Screening for lipid yielding microalgae: Activities for 1983; Solar Energy Research Institute: Golden, Colorado, EUA.

Tubino, M. e Aricetti, J. A. (2011): Um método verde para determinação do número de acidez do biodiesel; Revista da Sociedade Brasileira de Química. 22(6):1073- 1081.

Tyagi, O.S.; Atray, N.; Kumar, B. e Datta, A. (2010): Produção, Caracterização e Desenvolvimento de Padrões para Biodiesel - Uma Revisão. Journal of Mathematics, Statistics and Informatics. 25:197-218.

Relatório da ONU; Sustainable Bioenergy: A Framework for Decision Makers; abril de 2007.

Valenstein, J. S. (2012): Developing nanotechnology for biofuel and plant science applications, A dissertation submitted to the graduate faculty in partial fulfilment of the requirements for the degree of doctor of philosophy, Iowa State University Ames, Iowa.

Vimalarasan, A.; Pratheeba, N.; Ashokkumar B.; Sivakumar, N. e Varalakshmi, P. (2011): Produção de biodiesel a partir de cianobactérias (*Oscillatoria annae*) por transesterificação mediada por álcali e enzima. Jornal de Investigação Científica e Industrial. 70:959-967.

Wahlen, B. D.; Willis, R. M. e Seefeldt, L. C. (2011): Produção de biodiesel por extração simultânea e conversão de lípidos totais de microalgas, cianobactérias e culturas mistas selvagens. Bioresource Technology. 102(3):2724- 2730.

Wang, W.; Han, F.; Li, Y. e et al. (2014). Triagem e otimização média para cultura fotoautotrófica de *Chlorella pyrenoidosa* com alta produtividade lipídica em ambientes internos e externos. Bioresource Technology. 170:395-403.

Williams, P. J. L. B. e Laurens, L. M. L. (2010): Microalgas como matérias-primas para biodiesel e biomassa: Revisão e análise da bioquímica, energética e económica. Energy Environmental Science. 3:554-590.

Wilson, W. e Brand, J. (2013): Princípios da Bioprospecção de Microalgas; Cimeira da Biomassa de Algas.

Zaslavskaia, L. A.; Lippmeier, J. C.; Kroth, P. G.; Grossman, A. R. e Apt, K. E. (2000): Transformação da diatomácea *Phaeodactylum tricornutum* (Bacillariophyceae) com uma variedade de marcadores selecionáveis e genes repórteres. Journal of Phycology. 36:379-986.

Zhou, X.; Xia, L.; Ge, H.; Zhang, D. e Hu, C. (2013): Viabilidade da produção de biodiesel pela microalga *Chlorella* sp. (FACHB-1748) em condições externas, Bioresource Technology. 138:131-135.

<u>Sítio Web:</u>

http://www.oilgae.com/ algae/oil/ yield /yield.htm

Buy your books fast and straightforward online - at one of world's fastest growing online book stores! Environmentally sound due to Print-on-Demand technologies.

Buy your books online at
www.morebooks.shop

Compre os seus livros mais rápido e diretamente na internet, em uma das livrarias on-line com o maior crescimento no mundo! Produção que protege o meio ambiente através das tecnologias de impressão sob demanda.

Compre os seus livros on-line em
www.morebooks.shop

MIX
Papier aus verantwortungsvollen Quellen
Paper from responsible sources
FSC® C105338
FSC
www.fsc.org

Printed by Books on Demand GmbH, Norderstedt / Germany